Collège Expérimental d'Aviculture

de Château-Thierry

Château de Blesmes

Cours Complet

par correspondance

Onzième Leçon

Collège Expérimental d'Aviculture de Château-Thierry

Château de Blesmes

Cours Complet

par correspondance

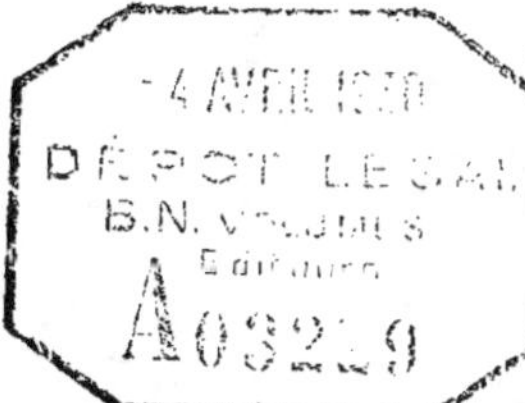

Onzième Leçon

Alimentation des Volailles
de 12 Semaines
jusqu'à la fin de la croissance active

LES POULETTES

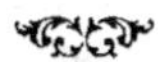

Nos poussins sont arrivés jusqu'à l'âge de 12 semaines. Les coquelets susceptibles d'être choisis pour faire des reproducteurs ou pour l'épreuve de leur force d'hérédité sont mis à part dans de vastes parquets herbeux où ils croîtront en vigueur, en virilité. Nous avons dirigé les autres vers l'engraissement.

Nos poulettes restent seules dans leur poussinière ; elles y ont plus de place, elles jouissent à elles seules de tout le parcours d'environ 15 mètres carrés par tête, ce qui donne une densité de 700 sujets à l'hectare. Si nos salles d'élevage, groupées près des habitations comme c'est trop souvent le cas, n'ont pas les parquets suffisants, nous emploierons les poulaillers colonies qui peuvent être placés dans la prairie, en bordure de bois ou de bosquets. Ces poulaillers colonies peuvent contenir jusqu'à 400 têtes, ainsi qu'il est fait dans certains grands élevages modernes ; ils peuvent aussi n'en contenir que 100 chacun. Autant que faire se pourra on aura un très grand avantage à ne loger ensemble que des sujets de même race et de même âge, autant que possible élevés ensemble jusqu'à l'âge de 12 semaines. Ceci a une très grande importance car il sera peut-être bon de retarder certaines bandes, de pousser les autres, de faire des tris basés sur la conformation individuelle, la vigueur, mais aussi sur des comparaisons. Or, on ne peut comparer rigoureusement entre eux que des sujets nés aux mêmes époques et élevés ensemble. Il est absolument certain que le meilleur travail est fait dans ces conditions. Donc, supposons que votre éclosion de 400 œufs vous ait donné 300 poussins, que vous ayiez 150 poulettes de 12 semaines ; ces 150 poulettes doivent être logées dans un poulailler colonie de 16 m2 au moins, mais aucune autre poulette d'une autre salle d'élevage, même de même âge, ne doit leur être jointe, du moins dans la conception générale de votre exploitation. Il peut en effet se faire que, malgré vos soins, l'une des deux bandes ait pris le pas sur l'autre (les conditions atmosphériques seules peuvent avoir cet effet) et il ne pourrait plus y avoir homogénéité dans le troupeau ; vous ne pourriez plus le conduire à votre guise.

Nous n'avons donc à cet âge, soit dans nos salles d'élevage, soit dans nos poulaillers colonies, que des poulettes n° 1 et 2. (Voir 13e leçon).

Nous pouvons grouper les soins à leur donner comme suit :
Soins relatifs à l'alimentation ;

    —   la boisson ;
    —   la liberté ;
    —   l'ombre ;
    —   aux conditions sanitaires ;
    —   aux tris ou sélections.

Nous amènerons ainsi nos poulettes jusqu'à la fin de la période de croissance active. Ce moment arrivé, nous devrons envisager quelques modifications dans les soins.

SOINS RELATIFS A L'ALIMENTATION

Nous devons, maintenant que nous possédons un troupeau de grande valeur, lui assurer un développement harmonieux. Nous nous attacherons à donner à nos sujets une forte charpente, des muscles développés, un certain apport de graisse.

Nous continuerons de faire deux distributions de grain par jour, employant pour cela le blé et le maïs. Nous ne disons pas « petit blé » pour les raisons que nous avons données auparavant. Si nous ne pouvons avoir de blé nous emploierons le sorgho, l'avoine de première qualité, à grains lourds et à écorces fines. Le maïs est avantageusement concassé (les grains sont brisés en deux ou trois au concasseur). Ainsi il est de digestion plus rapide et plus complète, le repas dure plus longtemps et chaque bête a chance d'en picorer autant que sa voisine. Nous donnons une partie de maïs le matin et deux parties de blé le soir, soit de 10 à 20 grammes de la première graine selon les âges et les poids des sujets, et de 20 à 40 grammes le soir.

Nous aimons à donner le grain du soir, une heure avant le coucher des volailles, dans l'herbe des parcours, en le disséminant le plus possible de façon que chaque oiseau puisse en prendre sa part. Nous le jetons de préférence dans un endroit où les herbes sont plus grandes pour forcer les volailles à chercher et à gratter, mais nous changeons chaque jour d'endroit afin de ne pas faire détériorer trop vite le gazon. Les volailles restent dehors plus long-temps que si nous donnions le grain à l'intérieur et ils peuvent ensuite rechercher les insectes du soir.

Lorsque les poulettes ne perchent pas encore, c'est-à-dire avant trois mois et demi, le grain du matin est aussi distribué dehors ; mais lorsque nous leur avons donné leurs perchoirs, nous distribuons le grain dans la litière en ayant soin de l'enterrer d'un coup de fourche en bois. C'est le soir que nous jetons le grain, lorsque nous fermons les poulaillers pour la nuit. Ainsi les poulettes n'auront qu'à se mettre au travail le lendemain au petit jour pour rechercher leur petit déjeuner. La dépression causée par le long jeune de la nuit prend fin plus tôt, l'oiseau profite davantage, devient plus nerveux, plus alerte, moins lourd.

Dans la journée, les oiseaux ont le libre accès aux trémies à pâtées sèches placées d'une part à l'intérieur du poulailler et d'autre part, à l'extérieur le plus loin possible, afin que les bêtes ne sta-tionnent pas tout près de leur habitation. Nous avons vu que, lorsque les poulettes ne perchent pas, nous leur donnons le grain du matin dehors, car la litière est plus sale. Mais pour leur faire prendre un déjeuner matinal, nous laissons les trémies constamment ouvertes. Lorsque les poulettes perchent, nous préférons leur fermer les trémies le soir : ne pouvant consommer leur pâtée sèche, les oiseaux sont obligés de rechercher leur grain et s'imposent un exercice matinal salutaire. Cette façon de faire a encore un très grand avantage : toutes les poulettes cherchent le grain. Aucune de celles qui préfèrent la pitance obtenue sans mal (et il y en a dans tous les troupeaux) ne va se gaver de pâtée sèche pour rester ensuite immobile pendant que les autres gratteront à qui mieux mieux. Enfin, comme la relation nutritive du grain n'est pas la même que celle de la pâtée, nous avons l'avantage de nourrir tout notre troupeau de la même façon ,la somme des aliments consommés en 24 heures et que nous appelons la ration est sensiblement la même pour tous.

Nous donnerons alors, le matin, pesée avant la germination, le même poids d'avoine que nous aurions donné d'un autre grain. Le soir, le repas de grain se compose de maïs et de blé ou de sorgho en parties égales.

N'employez aucun autre grain pour les sujets en croissance.

La pâtée sèche pourra être composée comme suit. En poids :

Gros son de froment	2	parties,
Rebulet blanc.......	1	—
Maïs écrasé fin.....	1	—
Avoine broyée, entière	1	—
Farine de poisson...	1/2	—
Farine de viande....	1/2	—
Coquilles d'huîtres...	1/4	—

Pâtée employée et vendue par nous-mêmes.

Nous renvoyons à ce que nous disions dans la leçon précédente en ce qui concerne les quantités de farine de viande et de poisson : ces quantités sont susceptibles d'être considérablement diminuées selon que l'oiseau trouve peu ou beaucoup d'insectes dans ses parcours, etc.

Cette pâtée sèche doit être placée dans des trémies où les volailles peuvent manger sans gêne, où la pâtée ne se tasse pas, ce qui provoque son arrêt dans la descente, qui ne permet pas aux volailles d'en gaspiller une parcelle. De plus, elles doivent pouvoir être fermées de façon à permettre ou à empêcher l'accès aux volailles selon la volonté de l'aviculteur. Leur construction doit donc être très étudiée. Dans l'intérêt de nos élèves, nous leur demandons de nous en commander une : Ils pourront ensuite en faire fabriquer de pareilles s'ils trouvent chez eux des conditions meilleures. Si la trémie n'est pas bien établie on sera obligé de faire descendre de temps en temps (plusieurs fois par jour) la pâtée avec la main ou une baguette, ou bien les volailles mettront la moitié de leur nourriture par terre avec le bec.

Nous mettrons une ou plusieurs de ces trémies à l'intérieur du poulailler ; nous en mettrons également dans les parquets. Elles sont recouvertes d'un toit étanche et débordant qui empêche la pluie de mouiller leur contenu. Elles ont habituellement un mètre de longueur. Les volailles y ont accès sur les deux faces, chacune de ces trémies convient pour 60 volailles.

Lorsqu'il pleut pendant la journée, nous laissons les trémies d'intérieur ouvertes et nous fermons celles d'extérieur. Mais nous ne fermons pas le poulailler. Quand le temps n'est pas trop mauvais nous fermons les trémies d'intérieur et nous ouvrons celles d'extérieur. Ainsi nous ne forçons pas les volailles, en croissance, à stationner au poulailler par les jours de beau temps, et nous ne les obligeons pas à séjourner sous la pluie par les mauvaises journées.

Ceci n'est pas tout. Nous ajoutons un repas de pâtée, très légèrement humectée, de même composition que la pâtée sèche, vers midi. A cette pâtée humectée on mélangera 2 % d'huile de foie de morue.

L'absorption de ce repas diminue les quantités de pâtée sèche que les volailles prendraient dans l'après-midi, mais la somme totale des aliments consommés en 24 heures est ainsi plus grande. Il sera raisonnable de donner de 15 à 20 gr. de pâtée humidifiée, pesée sèche, à ce repas. La quantité exacte est déterminée par le poids et l'âge des sujets. Le repas ne devra pas durer plus d'un quart d'heure. Les augettes employées sont placées à l'intérieur par mauvais temps; elles doivent être assez nombreuses pour que toutes les poulettes puissent manger en même temps. Une augette de 1 mètre de long convient à 14 poulettes de 5 mois. On enlèvera les augettes lorsque le repas sera terminé et on les portera à la salle de nettoyage.

Nous avons dit que la pâtée pourra avoir la même composition que la pâtée sèche. Dans tous les cas, elle doit avoir la même relation nutritive. On peut avantageusement y mélanger le même poids de trèfle haché, sans diminuer les poids des pâtées sèches employées à sa confection. On n'y mélangera pas de pommes de terre, nous ne sommes guère partisan des pommes de terre pour l'alimentation des volailles qui doivent absorber sous un volume relativement restreint, une grande quantité d'unités nutritives. Si on a du sang bon marché

on pourra l'incorporer à la pâtée humide en tenant compte que
2 kg. 1/2 de sang remplacent 1 kg. de farine de viande ou de poisson dosant 50 % de protéïne.

La composition de la pâtée que nous avons donnée a fait ses
preuves chez tous les éleveurs modernes et aucune ne peut lui être
supérieure à prix égal, même à prix supérieur.

Nous humectons la pâtée du repas de midi avec du petit-lait
(lait écrémé) frais ou sûr. Le petit-lait que l'on a laissé surir pendant
24 heures en été en 48 en hiver, est meilleur que le frais ; le commencement de fermentation qu'il a subi a développé les ferments
lactogènes et son absorption produit chez les poussins comme chez
les adultes une aseptie du tube digestif préservant des eaccidents
intestinaux. On peut aussi employer le lait de beurre, produit du
barratage. Si on ne peut se procurer ces produits, on peut employer
un kilogramme de poudre de lait battu par kilogramme de pâtée et
humecter à l'eau.

LA TREMIE A TROIS COMPARTIMENTS

La trémie à trois compartiments (gravier, coquilles d'huîtres et
charbon de bois) doit être ouverte en permanence dans le poulailler.
N'oubliez pas non plus la boîte à poudrer, elle sera très fréquentée
par les poulettes. Sous un toit sommaire, on peut retourner la terre
et y incorporer une poignée de soufre ; on a ainsi une boîte à poudrer
de parquet.

VERDURE

Quel que soit leur âge, les oiseaux ne peuvent manquer de
verdures. Ils en trouvent dans leur parquet de gazon ; cependant les
rigueurs de l'été ont trop tôt desséché ce succulent aliment. La
verdure jeune et fraîche est préférable à celle durcie ou séchée.

La verdure est un stimulant de l'appétit et un grand régulateur
des fonctions intestinales et du foie. Elle est la sauvegarde de la
santé, elle prévient l'engraissement et est nécessaire à une forte
ponte comme à une croissance régulière et normale. Elle contient une
proportion d'eau de composition qui est assimilée en grande partie
par l'organisme. Laisser les volailles en manquer est une lourde
faute, une irréparable faute en aviculture ,d'ailleurs, presque toutes

les fautes sont irréparables, elles amènent leurs conséquences, infailliblement, impitoyablement.

Donnez à vos animaux en croissance toute la verdure qu'ils
veulent consommer : gazon haché, trèfle, luzerne à défaut de trèfle,
hachés également, choux, fanes de topinambours, de betteraves,
salades, chicorée sauvage ou améliorée, orties, etc. Le gazon
le trèfle, le chou, peuvent être donnés tous les jours ; variez les
autres verdures distribuées, ne donnez pas toujours les mêmes et
soyez attentifs aux effets des verdures relâchantes ou échauffantes.
Comme verdures nous ne préconisons pas outre mesure l'avoine
germée portant de grandes pousses vertes : C'est de la verdure trop
coûteuse, un aliment de luxe. Nous aimons beaucoup l'avoine germée, portant une pousse ne dépassant pas un centimètre : Le grain
est d'effet immédiat, à demi digéré ; la balle est moins dure. Mais
c'est un grain et non une verdure. Si l'on prolonge plus avant la
germination, les pousses s'allongent et quand elles ont quelques
centimètres, le grain a perdu presque toute sa valeur. Les aviculteurs
américains disent aujourd'hui « germinated oats » et non plus
« sprouted oats ».

On pourra, pour simplifier la main-d'œuvre, ne faire qu'une
seule distribution de verdure, dans des augettes pour la verdure
hachée ou dans un râtelier pour la verdure en feuilles ou entière
Aucun moment de la journée n'est préférable à un autre ; les exi-
gences du service seules fixeront une heure qui sera toujours res-
pectée.

LA BOISSON

En aucun cas les poulettes ne doivent manquer de boisson.

Nous avons donné à nos poussins du peti-lait sûr et de l'eau
dégourdie, c'est-à-dire non fraîche, à la température de la poussinière. Nous donnons maintenant à nos sujets en croissance de l'eau
fraîche. Cette eau fraîche — non froide — sera en permanence et
dans les poulaillers et dans les parcours. Les abreuvoirs seront
placés à proximité des trémies à pâtée sèche, car cette pâtée assoiffe
beaucoup. Ils pourront être du type décrit dans la 13e leçon, mais
comme on ne craint plus de laisser les animaux se mouiller, on
pourra les choisir moins coûteux. Une auge en zinc ou en terre cuite
protégée par un râtelier muni d'un toit incliné, sera suffisante. On
placera l'abreuvoir sur un planchette assez large, facilement rem-

plaçable, parce qu'elle sera fréquemment mouillée et qu'elle pourrira
assez vite. Ainsi la litière du poulailler, ainsi que le plancher, seront
préservés de l'humidité. Les trémies à pâtée sèche seront, dans le
poulailler, placées à une certaine hauteur (0 m. 70 par exemple) afin
que les volailles soient obligées de sauter pour en avoir l'accès.
Nous multiplierons ainsi les causes d'exercice. Inutile de dire que
les abreuvoirs seront tenus très propres. Lorsque le temps sera
mauvais, l'eau sera additionnée de 5 gr. de sulfate de fer par litre
ou de 2 gr. d'acide sulfurique. On devra alors se servir d'abreuvoirs
en poterie. Le lait est donné en bouteilles, tenues verticalement, le
goulot en bas, au-dessus d'un petit plat en poterie. Un bâti de bois
tient le tout en place.

Il peut être dangereux de laisser boire de l'eau courante et de
l'eau de source, trop froides. Des troubles intestinaux peuvent en
être la conséquence.

LA LIBERTE

Ce que nous recherchons, c'est de faire des animaux bien
charpentés, sains, vigoureux. Nous voudrions allier la prolificité des
superclasses de pondeuses avec la vigueur originelle de l'oiseau
sauvage. Pour nous rapprocher de ce but, il est absolument indis-
pensable, il est de toute nécessité, de donner aux animaux en formation, le maximum de liberté possible, de les aguerrir, sans leur
nuire bien entendu, à toutes les rigueurs du climat. Nous disons
« sans leur nuire », car sous le prétexte de faire des animaux
robustes il ne faut pas faire des animaux malades. Là, comme
ailleurs, un peu de doigté est nécessaire.

Les parcours seront donc étendus. Inutile de les étendre à
l'infini : Les animaux ne s'écartent généralement pas de leur poulailler au-delà d'une certaine distance, surtout ceux élevés artificiel-
lement. S'ils s'en écartaient beaucoup, ils ne seraient plus assez près
de leurs trémies pour prendre au moment voulu la becquée de pâtée
nécessaire. Les parquets de plus de 4.000 m. sont trop grands.
L'animal doit s'habituer à sentir des limites dans ses évolutions.
Nous préférons les parquets de 3.000 m. pour 250 volailles en
croissance. L'herbe est fréquentée partout ; il n'y a pas, comme nous
l'avons vu souvent, une certaine surface près du poulailler où elle
est rasée jusqu'au sol, une autre un peu plus loin où elle pousse
comme une forêt vierge, dans laquelle les poulettes ne s'aventurent

pas. Le terrain près du poulailler supporte une population trop dense dangereuse, plus loin, il est perdu pour l'aviculture. Sous les couverts pas trop épais, les volailles s'aventurent plus loin.

Le terain affecté à chaque poulailler-colonie doit être divisé en deux, de manière à former double parquet. L'un est occupé une ou deux années de suite, tandis que l'autre, en culture, fournit la verdure, les grains, et, une fois la récolte enlevée, est ensemencé en ray-grass et petit trèfle. Le labourage doit être fait soigneusement et approcher le plus près possible des clôtures. Le travail exécuté par les charrues vigneronnes, qui sont construites pour approcher le plus près possible des pieds de vigne, nous a donné l'idée de l'emploi de ces instruments pour le voisinage des clôtures. On peut aussi finir à la bêche ce qui a été commencé à la charrue ordinaire.

Il est un autre procédé de disposition des poulaillers-colonie, c'est l'ancien procédé américain. Il consiste à disséminer des poulaillers de petite capacité, mobiles, facilement transportables, soit qu'il faille les démonter ou les faire tirer sur leurs semelles par des chevaux. On les place en quinconce dans une vaste prairie ou dans les champs, sans clôtures de séparation. Un grillage mobile placé pendant quelques jours autour de chaque habitation apprend les oiseaux à rentrer chez eux chaque soir. Les poulaillers sont changés de terrain chaque année et la place qu'ils occupaient est mise en culture. Nous ne sommes pas chaud partisan de ce procédé qui, pour donner satisfaction, doit avoir à sa disposition de vastes terrains, et qui coûte trop en temps passé en allées et venues pour le service journalier. De plus il est impossible de forcer les volailles à ne pas changer de poulailler. Nous avons eu des poulaillers placés ainsi à plus de 150 m. les uns des autres et peuplés de races différentes : Les volailles finissaient par se mélanger. Et quelle main-d'œuvre le service ne nécessitait-t-il pas ! Les soins, l'observation journalière des volailles étaient forcément en partie négligés. Le meilleur procédé consiste donc à diviser le terrain d'élevage (la moitié de la surface totale consacrée à l'aviculture) en parquets égaux ; à mettre dans la plus grande partie de ceux-ci des salles d'élevage où les poulettes restent jusqu'à l'approche de la ponte. Ainsi, un établissement de 1.000 pondeuses renouvelant son troupeau de poulettes chaque année aurait 5 de ces salles contenant chacune 250 poulettes environ dont 50 pourraient être éliminées par les différents tris. La capacité de chaque salle d'élevage peut être réduite selon le nombre de reproducteurs puisque c'est ce nombre qui commande le nombre de poussins qu'il est possible de faire éclore en une seule fois. Hollywood Poultry Farm, dirigée par M. Atkinson (Côte du Pacifique, en Amérique) est une ferme qui comprend 15 salles d'élevage de 1.000 poussins chacune, donnant 400 poulettes. Les poussins sont élevés sous des éleveuses de très grande capacité « home sweet home » au pétrole.

Dans les parcours des volailles en croissance on pourra tenir une vache ayant subi l'épreuve de la tuberculine, des chèvres. Ces animaux plaisent aux volailles et leur présence apporte de la diversité dans leur existence. Grâce à ces quadrupèdes, l'herbe est maintenue rase. Il est entendu que ces animaux, allant de parquet en parquet, ne séjournent que peu de temps à la même place, l'herbe étant, dans le cas qui nous occupe, destinée à la volaille.

Il serait donc irréfléchi de vouloir élever des futures pondeuses dans des parquets dénudés ou trop petits.

L'OMBRE

De même que nous devons protéger nos troupeaux contre les grands froids et le vent, de même nous devons leur permettre d'éviter les ardeurs du soleil et leur donner un ombrage où ils peuvent aller se réfugier à volonté. Ceci ne veut pas dire que les parquets doivent être absolument couverts. Si les arbres étaient trop nombreux, le sol se maintiendrait humide et le soleil, ce grand médecin destructeur des microbes pathogènes, ne pourrait remplir son rôle. Le soleil est le meilleur désinfectant qui soit, et, ce qui ne gâte aucune chose, il ne coûte rien. Mais nous devons ni le laisser tuer nos volailles ni les faire trop souffrir. Quelques arbres dans chaque parquet, des haies les limitant, sont nécessaires, du moins les arbres. Que ce soient des arbres à fruits afin que le sol produise doublement.

Mais veillons à ce que, le soir, les volailles ne se perchent sur leurs branches pour y passer la nuit. Cela ferait très bien dans un tableau, mais notre poésie est plus pratique : Elle consiste à préserver nos animaux du coryza qui ne manquerait pas de les atteindre si nous les laissions subir la fraîcheur de beaucoup de nuits d'été et les pluies nocturnes si froides. Ne laissez donc jamais vos volailles coucher sur les arbres, disciplinez votre troupeau afin d'en rester le maître.

LES CONDITIONS SANITAIRES

L'observation des règles de l'hygiène la plus stricte doit présider tous les actes de l'aviculteur et recevoir en tous les instants sa vigilante attention.

En ce qui concerne la nourriture, nous ne reviendrons pas sur ce que nous avons dit.

Les augettes à pâtée humectée doivent être lavées à l'eau chaque jour et désinfectées une fois par semaine. Les trémies, une fois vides, doivent être désinfectées avec une solution crésylée (crésyl Jeyès). Les abreuvoirs, vidés et rincés chaque jour, doivent être désinfectés une fois par semaine. Dans les parcours, les augettes, les trémies, les abreuvoirs doivent être changés de place chaque jour afin d'éviter la formation de surfaces dénudées, et souvent souillées par des parcelles d'aliment rapidement fermentescibles et aptes à provoquer des catastrophes par la production spontanée de germes de maladies.

Le terrain sera désinfecté comme nous l'avons dit, mais on portera une attention toute particulière sur les abords immédiats des poulaillers, plus souillés que le reste du terrain. Ces abords seront souvent retournés et saupoudrés copieusement de poudre crésylée Jeyès, de solution d'acide sulfurique à 5 pour cent. On pourra aussi retourner le terrain, y semer de l'avoine ou tout autre graine à croissance rapide, étendre dessus un cadre grillagé fin de manière que les volailles ne puissent détruire ni manger la plante en formation, et une fois la levée bien faite, retourner encore une fois la terre et la désinfecter. Il pourrait y avoir danger à la longue si nous laissions consommer les jeunes pousses d'avoine par les animaux.

Le poulailler sera nettoyé chaque jour. On y tolérera ni poussière ni toiles d'araignée. Les planches à crottes, leurs perchoirs, ainsi que ceux des abreuvoirs, des trémies et dans les poulaillers de ponte ou de reproduction, les perchoirs des nids-trappes, seront grattés chaque jour, les premières à l'aide d'une raclette, les seconds avec un large couteau de vitrier. On répandra sur les planches à crottes une mince couche de sable, de sciure de bois, de cendre, de chaux en poudre, secs. Ce que l'on aura sous la main de meilleur marché sera préférable, mais on ne pourra pas toujours se servir de sciure, car lorsqu'il fait du vent, elle se trouve emportée. Ces matières empêchent la fiente d'adhérer au bois et le nettoyage est très facile et rapide.

Une fois par mois, on pulvérisera sur les parois, le plafond, les accessoires divers, une solution de chaux et de sulfate de cuivre. Une fois par an, après le départ des volailles, on procèdera à une désinfection générale et minutieuse.

La litière sera enlevée et remplacée aussitôt qu'elle sera humide et la couche de sable et soufre qu'elle recouvre sera remplacée quand il sera nécessaire. Cette litière sera chaque jour retournée à la fourche.

Nous éviterons ainsi, si nous ne permettons pas l'entrée de nos parquets à tout venant, les maladies épidémiques inconnues dans les grands élevages, malgré l'agglomération des volailles. Ces élevages travaillent, il est vrai, pour gagner de l'argent et font fi de toute vaine gloriole. Nous nous en voudrions de ne pas insister sur le danger que peuvent amener les visiteurs, inoffensifs en soi, mais qui peuvent apporter inconsciemment, à la semelle de leurs chaussures la diphtérie, l'épithélioma ou le choléra. Il est difficile de refuser la visite des élevages, mais il est excusable de demander aux visiteurs de mouiller leurs semelles dans un bac d'eau crésylée ou de marcher sur de la chaux vive avant de pénétrer dans l'établissement. Faites-le. Contribuez à faire prendre cette habitude, généralisée en Amérique. Vous et d'autres personnes supporteraient de lourdes conséquences de cette négligence. Mais dans tous les cas, refusez carrément l'entrée des poulaillers mêmes. Conformez-vous vous-mêmes à la désinfection des chaussures et obligez votre personnel à prendre les mêmes précautions.

Ecartez de votre élevage les chats, les chiens. Détruisez même ces visiteurs indésirés... dans la mesure de votre droit... Ne laissez aucun lapin courir dans vos parquets ni dans les allées : Ils peuvent être porteurs de coccidiose.

Mais ne vous exagérez pas le mal ; craignez-le, mais ne vous en faites pas un épouvantail permanent qui annihilerait vos efforts. Il est en Amérique des fermes de 15.000 pondeuses installées depuis 10 années et qui n'ont jamais eu à lutter contre une épidémie.

Enfin veillez à l'état de santé de vos poulettes. Inspectez les fientes chaque matin, à l'ouverture des poulaillers et agissez comme nous vous l'avons conseillé pour les poussins si vous trouvez quelque chose d'anormal.

Luttez contre la vermine. Examinez vos sujets de temps en temps. Saupoudrez-les de poudre crésylée Jeyès si nécessaire.

Luttez aussi contre la galle des pattes avant qu'elle ne se répande : Quand vos sujets ont 12 semaines, frottez leurs pattes au pétrole et renouvelez ces soins au passage dans le poulailler de ponte.

Veillez aussi aux crêtes et si vous remarquez des croûtes blanches frottez-les en étendant le champ de vos frictions sur le commencement du cou avec une pommade sulfurée.

LA PERIODE DE CROISSANCE LENTE PRECEDANT LA PONTE

Ainsi conduit, votre troupeau a eu une croissance normale. Elles ne doivent cependant pas pondre avant l'âge de 5 mois et demi à 6 mois pour les races légères (Bresses, Leghorns), de 6 à 7 mois pour les races plus fortes (Wyandottes, R.I.R., Gâtinaises, Bourbonnaises). Il peut donc y avoir nécessité de retarder la ponte. Une poulette qui commence à pondre avant cet âge donne de trop petits œufs et elle ne peut donner toute sa mesure, n'en ayant pas la force. De plus, elle n'atteint pas sa taille normale.

Pour retarder la ponte, lorsque vous verrez les crêtes rougir et se développer, supprimez la pâtée humide et augmentez la ration de grains. Les poulettes prendront du muscle et continueront de se développer. Elles feront aussi un peu de graisse, ce qui est nécessaire à une bonne production. Pour qu'elles ne deviennent trop grasses, purgez-les au sel d'Epsom tous les 8 jours pendant cette période. Mais évitez de provoquer la mue. Si vos poulettes sont nées en avril et mai pour les races légères, en mars pour les races lourdes, vous n'aurez que peu à la craindre, mais si elles sont nées plus tôt, vous la produirez infailliblement. Mais si vous voulez faire de ces poulettes des reproductrices au printemps suivant, il vaudrait mieux laisser le cours des choses se produire : Ces poulettes, nées trop tôt feraient une mue en novembre-décembre et le mois de février venu, elles vous donneraient des œufs à couver aussi bons que ceux des poules de deux ans. Vous ne devrez pas tenir compte de leur ponte estivale pour leur sélection, car cette ponte est plus influencée par la température que par les qualités individuelles de chaque sujet.

Vous avez remarqué que les poulettes font une mue secondaire vers l'âge de 3 mois et demi à 4 mois.

Ce régime d'attente retardera donc la ponte à cause de l'élargissement de la ration (diminution des matières azotées). Les volailles continuant de croître, vous donneront **plus** d'œufs et surtout des œufs plus gros. A ce moment, habituez-les aux nids-trappes. Mettez dans leur poulailler quelques nids garnis de paille, du même modèle que celui dont elles useront plus tard, mais en supprimant la disposition empêchant les poules de sortir. Elles s'habitueront à y rentrer et quand le moment de la ponte sera arrivé leur éducation sera faite.

Enfin, quand vos volailles seront bientôt en âge de pondre revenez à l'alimentation des pondeuses telle que vous la trouverez dans la leçon suivante. Retenez que tout changement brusque de nourriture nuit à la santé, à la croissance, peut provoquer une mue intempestive autant que préjudiciable. Avant que la ponte ne se produise, faites passer vos poulettes dans le poulailler de ponte.

SOINS SPECIAUX A DONNER AUX POULETTES SUSCEPTIBLES D'ETRE CHOISIES POUR UN CONCOURS DE PONTE

Nous n'entrerons pas ici dans le détail de la sélection : Nous étudierons cette question dans la 19e leçon. Nous causerons plus loin du tri qui présidera au dernier choix. Nous dirons maintenant que lorsque vous aurez choisi les candidates parmi lesquelles vous désignerez les élues, vous devez leur donner un logement, un parquet, une nourriture semblables à celles qu'elles auront quand vous les aurez confiées au directeur de la compétition. Mettez même dans leur poulailler d'attente des nids-trappes conformes à ceux dont elles auront à se servir. Il faut absolument que les volailles ne subissent aucun changement que vous pouvez leur éviter. Elles sentiront assez durement celui du personnel qui les soigne, même celui de leurs compagnes de poulailler, encore plus celui du changement de climat. Aussi les volailles envoyées dans un concours de ponte donnent-elles rarement des résultats aussi bons que ceux qu'elles auraient donnés chez leur éleveur.

SOINS A DONNER AUX COQUELETS
SUSCEPTIBLES DE DEVENIR DES REPRODUCTEURS
OU DE SUBIR L'EPREUVE DE LEUR VALEUR

Nous avons dirigé ces coquelets vers de vastes parquets où ils ont un parcours aussi étendu, par tête, que les poulettes, ce vers l'âge de 12 semaines. Ils ne laissent rien à désirer au point de vue santé et vigueur. Ils se sont développés magnifiquement, leur crête, rapidement poussée, est un indice de précocité et d'ardeur, de santé et de force. Les plus batailleurs sont les meilleurs, les couards ne valent rien.

Ils sont naturellement issus des meilleurs parents considérés au point de vue de la santé, de l'abondance de la ponte et de la grosseur des œufs. Ils ont l'ascendance la plus noble.

Par l'identification des œufs aux nids-trappes, le marquage de ces œufs, leur mise à éclosion dans les paniers à pédigrées, le baguage renouvelé des poussins, vous connaissez leur père, leur mère, leurs aïeux même. Ils ne devraient provenir que d'une lignée de plus de 250 œufs dans la première année de ponte dans les lignes maternelles et paternelles.

Ce fait cependant, n'implique pas qu'ils doivent faire certainement d'excellents reproducteurs transmetteurs de leurs qualités à leur descendance. Le Dr. Raymond Pearl a été un peu loin lorsqu'il a affirmé que le fils d'une bonne lignée de pondeuses transmettra l'aptitude à la grande ponte à sa descendance. En réalité, une excellente pondeuse alliée à un excellent père, produit des coquelets excellents, mais elle en produit aussi de moyens, un coquelet moyen allié à une excellente pondeuse produit des poulettes excellentes et moyennes et des coquelets moyens et de valeur nulle. Pour savoir si un coquelet excellent produira des coquelets semblables à lui ou plutôt s'il sera transmetteur de ses aptitudes, il faut lui faire subir deux épreuves :

1° Un tri basé sur sa conformation et ses qualités visibles ;

2° La vérification de sa force d'hérédité dans le sens désiré par l'étude de sa descendance.

Nous ne nous occuperons ici que du premier point ; nous verrons le second dans la 19e leçon, lorsque nous étudierons, vérifierons, réfuterons ou appliquerons les théories Lamarckiennes, Darwiniennes, Mendelliennes et celles d'Oscar Smart.

Ces coquelets ont à leur disposition la même nourriture que les poulettes, sauf que la dernière période, avant la ponte, n'existe pas pour eux. Les soins qu'on leur donne sont exactement les mêmes. Leurs poulaillers, leurs parcours sont traités de la même façon.

Ils se battront au début ; laissez-les faire. Une sélection s'établira qui vous aidera, celle du plus fort, du plus courageux, du plus viril. Les coquelets calmes et dolents ne valent rien. Préférez ceux qui sont alertes, vifs, les nerveux ou les sanguins. Nous avons éliminé tous ceux qui ont des défauts de crête, de dos, de pattes, de queue. Ecartons les trop petits, les trop légers, les trop gras, les trop hauts sur pattes. Vérifiez les aplombs et la position des orteils. Recherchez le plus possible ceux qui se rapprochent le mieux de l'oiseau d'exposition, car c'est dans ceux-là que vous trouverez les meilleurs, toute paradoxale que cette assertion puisse paraître.

Continuez d'enlever ceux qui montrent des signes de faiblesse, qui s'enrhument, qui perdent la belle couleur rouge de leur crête et de leurs barbillons, ceux dont les yeux et le plumage perdent leur brillant. Les faces fines et maigres, dépourvues de duvet, sont les meilleures, ainsi que les yeux très bombés et d'apparence brutale. Les yeux les plus pigmentés sont les meilleurs pourvu qu'il n'y ait pas d'exagération. Les grandes crêtes, un peu plus développées que ne l'exige le standart, mais sans forcer la note, à 4 à 6 dents bien profondes et espacées, à grain fin, lisse, doux au toucher, pâlissant rapidement sous la pression mais reprenant vite la belle couleur primitive lorsque la pression cesse, de longs barbillons, fins, souples, bien attachés, tombant naturellement, sont d'excellents indices. Les crêtes sont les indices, le miroir des organes génitaux. Le développement de ces deux organes sont parallèles.

Portez également votre attention sur le plumage : Il doit être serré, touffu, lisse et brillant. Lorsque l'on passe la main dans les plumes, on doit sentir plutôt une impression de moiteur que de sécheresse, indice d'une active circulation du sang, quoique les volailles n'aient pas de glandes sudoripares.

L'artichaut, c'est-à-dire la partie de l'arrière-train compris entre l'anus et les pattes, doit être bien fourni de plumes longues, légères, fines et drues.

Les pattes doivent être écartées, ce que vous mesurez avec la main : Un écartement d'une largeur de main indique une bonne largeur de ventre.

La peau des pattes doit être fine, souple, molle. Les animaux qui courent sur un sol dur ont les pattes dures. Elles doivent accuser une grande nervosité, c'est-à-dire que la coupe transversale du tarse, au lieu d'être ronde, doit présenter à l'arrière un arc de cercle plus fermé, très accusé et assez dur. Cette saillie est formée par le tendon qui travaille dans le grattage de la litière. Son degré de netteté indique un caractère plus ou moins nerveux, et l'on doit préférer les caractères nerveux.

La peau du corps doit être fine, non graisseuse, parcourue par des vaisseaux sanguins visibles. Pincée entre l'index et le pouce animés d'un mouvement de frottement, elle doit filer sous le doigt.

Voyons maintenant la capacité du corps de l'oiseau : La poitrine doit être large et profonde afin de loger des poumons bien développés. On n'attache généralement pas assez d'importance à la capacité du corps au niveau des ovaires chez la poule : Walter Hogan a dédaigné cette mesure, plus importante cependant que celles qu'il a données. Il est pourtant bien évident que le développement de l'ovaire et des testicules dépend de celui du corps en cet endroit. Prenez pour le mesurer un compas d'épaisseur. Mesurez cette partie du corps horizontalement et verticalement et comparez entre elles les mesures de coqs (ou de poulettes) de même âge et de même race.

Puis, de la main gauche, tenez l'animal par les pattes, en lui maintenant la tête en bas. Appuyez son dos sur votre tronc et de la main droite vérifiez la longueur du corps qui doit être long. Examinez le bréchet qui ne doit pas être trop long ni droit. Les meilleurs bréchets sont les plus arqués en leur milieu : Les extrémités doivent se relever. Enfin, sous la pression de la main, le bréchet doit jouer et rentrer dans l'abdomen. Il doit être souple, ainsi que les cartilages de l'oiseau. Ceux-ci durcissent avec l'âge ; aussi cette épreuve ne sera-t-elle faite que lorsque les coqs seront âgés de 6 à 7 mois.

Vérifions maintenant la capacité abdominale, indice de la faculté de digestion d'une grande masse d'aliments. Pour cela il importe de ne pas tenir l'oiseau de manière à appuyer sur le bréchet, ce qui aurait pour conséquence de nous faire ranger les bons animaux au nombre des moyens. Placez vos doigts de manière qu'ils soient entre les os pelviens et l'extrémité du bréchet ou extrémité sternale, mais perpendiculaires à la direction du dos. Vous devez avoir chez les coquelets un intervalle de deux gros doigts au moins pour les races légères et de trois doigts au moins pour les races lourdes. Ces quantités sont augmentées d'un doigt chez les poulettes. Nous disons qu'il faut que vos doigts soient tenus perpendiculairement à la direction du dos, car un bréchet trop court, par conséquent défectueux, vous donnerait un résultat faux. En cet endroit, la finesse, la souplesse de la peau a une importance particulière. Vous ne devez sentir, par derrière, dans les profondeurs de l'abdomen, aucun amas de graisse, s'accusant sous les doigts sous forme d'une masse dure, dépourvue d'élasticité. Au contraire, les intestins doivent glisser dans vos doigts dans un intérieur que vous sentez mou, humide, sans résistance.

Un écartement de plus de 4 doigts n'est pas meilleur indice qu'un autre ayant des 4 doigts, contrairement à toutes les théories émises pour cela (races légères). Pour les races lourdes, ajoutez un doigt.

Voyons enfin les os pelviens.

Ils doivent être longs, c'est-à-dire faire deux saillies en pointes. Ils doivent être droits ; rejetez les volailles qui ont les os pelviens arqués, fermant le passage de l'œuf. Ils doivent être souples, flexibles afin de jouer lors de la ponte. Ils doivent être fins. Mais ici nous réclamons toute votre attention. Si ces os sont très fins et que le reste du squelette est fort, tant mieux. Mais s'ils sont fins alors que le squelette entier est très fin, la différence n'est pas en faveur de la volaille. Il faut évidemment que le squelette d'un coq soit massif et celui d'une poulette plus fin, mais tout est relatif, et une poulette au squelette sans résistance ou sans réserves minérales n'appartient pas au nombre des meilleures pondeuses. Ne vous limitez donc pas dans l'observation stricte des méthodes dites de Hogan, encore que sa méthode de sélection soit basée sur les rapports qui existent entre l'écartement pelvien-sternal et la finesse des os pelviens. Nous vous dirons ce que nous pensons de la méthode pure de Hogan. Nous vous prouverons qu'elle est nettement insuffisante pour juger sainement d'une volaille, à plus forte raison pour servir de base pour une sélection. Enfin, et cela est la condition principale, les os pelviens doivent être absolument dépourvus de graisse. Sous la peau, nous devons sentir nettement l'os sec et dur.

Nous n'avons pas parlé du fameux écartement des os pelviens, réduit chez les coquelets et chez les poulettes qui n'ont pas encore pondu. Naturellement, ces os doivent être le plus écartés possible, mais même en ponte, même en mue, la poulette ou la poule ne peut être jugée d'après cet écartement. Certes les règles que nous combattons ici ont du bon : Elles peuvent être appliquées pour les animaux mauvais ou moyens, mais aussitôt que l'on a affaire à des sujets bien sélectionnés, il n'y a qu'une méthode de sélection : Le nid-trappe.

Le tri dont nous venons de parler, basé sur la vigueur, la valeur des parents (pedigree), sur la conformation, nous a donné des coquelets que nous présumons être les meilleurs du troupeau. Quelle que soit notre habileté, nous ne pourrons pas découvrir quels sont ceux qui transmettront infailliblement les qualités de leurs ancêtres à leur descendance et que nous devons utiliser pour la création des lignées de pondeuses. Nous verrons cette question dans la 16e leçon.

TRI DES POULETTES

Pour faire le tri des poulettes nous ne nous imposons pas non plus de périodes fixes. Il est fait petit à petit lorsque nous examinons nos volailles. Quand nous remarquons un sujet pâle, inactif, dont le tempérament n'apparaît pas de première vigueur, nous l'écartons et le dirigeons vers le marché ou l'engraissement. Il nous arrive de faire passer des poulettes de la première dans la seconde catégorie, et de la seconde vers la boucherie. Nous ne gardons pour loger dans le poulailler de ponte que des sujets tout-à-fait vigoureux, n'ayant jamais souffert de quoi que ce soit et ayant d'excellents caractères de pondeuses.

Pour l'examen de ces caractères, nous appliquons les mêmes règles que pour le choix des coquelets. Nous pouvons nous montrer moins sévère que pour les coquelets, sauf en ce qui concerne la vigueur, qui doit être parfaite pour tous. La sélection aux nids-trappes, la seule qui soit mathématiquement vraie, nous renseignera pendant le premier hiver sur la valeur individuelle de chaque poulette. Les poulettes restant dans les poulaillers d'élevage subissent un dernier tri avant de passer dans le poulailler des pondeuses.

Il y a cependant quelques différences dans le tri des coquelets et celui des poulettes. Ces différences sont plutôt dues à la différence du sexe : Les mâles accusent les caractères de ponte moins nettement que les poulettes.

Dans le choix des poulettes portez grande attention à l'examen de la tête. Ne gardez que les poulettes à tête fine, éveillée, intelligente. Rejetez toutes celles qui ont une apparence masculine, grossière. Conservez les poulettes qui sont douces, familières, tout en admettant qu'il existe de grandes différences entre les races. Attachez une grande importance à l'œil, à l'absence de graisse dans l'abdomen et aux os pelviens. Eliminez celles qui ont le derrière bouché, c'est-à-dire celles chez qui l'extrémité des os pelviens voisine avec celle du bréchet. Ne soyez pas trop sévère en ce qui concerne l'écartement pelvien-sternal : Il ne se montrera vraiment que lorsque les poulettes auront pondu.

Enfin, comme pour les coqs, examinez le type, c'est-à-dire la ligne générale de l'oiseau. Un corps long présentant les caractères que nous désirons constitue un excellent type. Ce type présente pour chaque race des différences ; il varie avec chaque éleveur, car il est le fruit de la sélection particulière à chacun d'eux.

Ne mettez dans le poulailler de ponte que des poulettes ayant achevé leur croissance, sur le point de pondre bientôt, ce qui vous est indiqué par l'ampleur de la crête et des barbillons, leur température plus élevée due à un plus grand flux sanguin, par le développement de l'abdomen qui descend et fait perdre à la poulette l'aspect léger de l'oiseau en croissance, enfin par l'écartement plus grand de l'intervalle pelvien-sternal.

Enfin, faites subir à vos poulettes comme à vos coquelets, l'épreuve de la balance.

POIDS DES VOLAILLES AMERICAINES EN CROISSANCE

Plymouth Rocks Blancs

Coquelets, à 7　semaines 1 livre anglaise
— 　　10 　— 　2 　—
— 　　13 　— 　3 　—
— 　　15 　— 　4 　—
— 　　18 　— 　5 　—
— 　　20 　— 　6 　—
— 　　24 　— 　7 　—

Poulettes, à 8　semaines 1 livre anglaise
— 　　12 　— 　2 　—
— 　　15 　— 　3 　—
— 　　19 　— 　4 　—
— 　　23 　— 　5 　—

Wyandottes Blanches

Coquelets, à 8   semaines 1 livre anglaise
—   12   —   2   —
—   15   —   3   —
—   18   —   4   —
—   22   —   5   —
—   24   —   6   —

Poulettes, à 8 semaines 1 livre anglaise
—   12   —   2   —
—   16   —   3   —
—   20   —   4   —
—   25   —   5   —

Rhode Island Rouges

Coquelets, à 8   semaines 1 livre anglaise
—   12   —   2   —
—   15   —   3   —
—   19   —   4   —
—   23   —   5   —
—   25   —   6   —

Poulettes à   9 semaines 1 livre anglaise
—   14   —   2   —
—   19   —   3   —
—   25   —   4   —

Leghorns Blancs

Coquelets, à 8   semaines 1 livre anglaise
—   12   —   2   —
—   14   —   2,5   —
—   17   —   3   —
—   23   —   4   —

Poulettes à   9 semaines 1 livre anglaise
—   15   —   2   —
—   20   —   2,5   —
—   25   —   3   —

VALEUR DU PIGMENT JAUNE

Nous avons plusieurs fois entendu dire que les poulettes dont le pigment jaune (volailles américaines) est peu marqué, sont meilleures pondeuses que celles portant un pigment foncé. Ceci est une grave erreur. Au contraire, l'intensité du pigment jaune est en raison directe avec la vigueur des sujets. Ceci devra être pris en considération dans le choix des poulettes que nous voudrions envoyer dans un concours de ponte, ainsi que le fait M. Atkinson, le plus grand producteur peut-être de pondeuses de 300 œufs.

En triant ainsi nos volailles, nous éliminerons un certain nombre de sujets que nous enverrons au marché pour être consommés. En aucun cas nous ne les vendrons comme sujets de races pour le peuplement. Notre poulailler de ponte aura moins d'habitants, mais la valeur moyenne du troupeau, celle qui sera notre base de bénéfices, sera considérablement augmentée. De plus, l'élimination des sujets faibles, de moindre résistance, nous met, avec l'observation des règles de l'hygiène, à l'abri des maladies. Enfin la sévérité de notre sélection pour la vigueur fait que nous pourrons sans crainte user de la consanguinité réglée, telle que nous l'expliquerons dans la 19e leçon, et que les plus beaux espoirs de formidables records et surtout de fortes moyennes nous seront permis.

ENGRAISSEMENT

Nous ne nous occupons pas, dans cette leçon, de l'exploitation qui vise spécialement la production du poulet de table, mais de la meilleure utilisation des coquelets non conservés, des poulettes classées N° 3 aux tris.

Disons à l'avance qu'il y a là une indiscutable source de profits, surtout quand vous pouvez amener les poulets au marché avant les fermiers. Nos poulets ont, au début, 12 semaines, les races lourdes un peu plus. Ils doivent être bons pour la vente vers 3 mois et demi (poulets de grain). Si vous voulez faire du poulet gras, que vous tenez une race propice pour ce genre de spéculation, vous vendrez vers 4 mois et demi. Mais pensez que, lorsque vous portez au marché les poulets de grain âgés de 3 mois et demi, nés en mars ou avril, vous ne souffrez pas encore de la concurrence des fermes qui ont leurs éclosions beaucoup plus tard en général ; vous faites un bénéfice plus grand que si vous attendez un mois de plus pour les vendre. D'ailleurs si le poulet gras est avantageux, ce n'est pas sur les marchés, il lui faut un débouché spécial et vous ne pouvez vous astreindre à cette spéculation que si vous en faites une spécialité. Dans ce cas, la leçon spéciale vous servira de guide.

De plus, ne vendez que vivant : Laissez aux spécialistes le soin de présenter un poulet fini. Les frais de main-d'œuvre sont tels que la préparation du poulet vous laissera en perte. Ne courez pas deux lièvres à la fois.

NOURRITURE DES SUJETS

Vos poulets n'ont pas abandonné l'usage de l'augette à pâtée humide puisque vous avez continué de leur donner, alors qu'ils étaient encore réunis aux poulettes, un repas de pâtée humectée chaque jour, vers midi.

Faites leur abandonner progressivement l'emploi de la trémie à pâtée sèche : tenez-la fermée le premier jour jusqu'à 13 heures et donnez un repas de pâtée humectée vers 8 heures du matin ; puis le surlendemain supprimez-la et donnez un repas de pâtée humide à 4 heures.

Ils ont ainsi deux repas de grain et trois de pâtée humectée.

La nourriture de ces poulettes de grain comprend deux phases : la mise en chair et le blanchiment.

MISE EN CHAIR

Comme nous désirons faire le maximum de chair dans le minimum de temps, nous devons donner :

1° Des aliments humectés ou humides plus vite assimilés ;

2° Des aliments de digestion facile et portant à la graisse, soit le maximum d'unités nutritives dans le minimum de volume ;

3° Des aliments donnant une couleur et une texture spéciale à la chair.

Comme aliments de digestion facile, nous avons les grains concassés : blé, maïs, orge. (Nous avons vu que nous devons donner aux poussins le blé concassé jusqu'à l'âge d'un mois à un mois et demi, que nous devons toujours concasser le maïs et que les grains sont accompagnés de gravier.

Cependant, dans le cas qui nous occupe ici, la quantité de grains sera moins forte et ne dépassera pas 15 grammes par tête et ne sera bientôt donnée que le soir, une heure avant le coucher. Evitons le maïs qui donne, même quand il s'agit du maïs blanc, une chaire jaune, ainsi que l'avoine qui donne une chair dure et filandreuse. Employons le blé, le bon blé de froment.

Des fourrages, la luzerne est le meilleur, car elle pousse plus à l'engraissement que le trèfle. On pourra donc faire d'importantes distributions de luzerne verte. Les animaux continueront d'avoir toujours à leur disposition du gravier et du charbon de bois. On supprimera les os, les coquilles d'huîtres, car nous ne cherchons plus à faire du squelette, nous voulons seulement mettre le plus de viande possible autour du squelette existant et nous n'avons que 4 semaines pour cela.

La pâtée devra contenir beaucoup de verdures : elles accroissent l'appétit et la digestibilité. Le mélange de luzerne, d'orties, de trèfle est excellent. A un kilogramme de ce mélange haché joignez 2 kilogs d'une pâtée composée comme suit :

Une partie de farine de maïs ;
Une partie de farine de sarrasin ;
Une partie de farine d'orge ;
Une partie de farine de viande ;
Une cuiller à café de sel ;
Un litre et demi de lait écrémé.

Comme boisson on pourra donner du lait écrémé deux fois par jour. Entre temps, de l'eau pure.

Le changement de composition de pâtée doit être lent et progressif, sinon vous enlèverez l'appétit à vos volailles. Commencez par les purger légèrement et accomplissez le changement en 4 jours car le temps presse.

Les premiers jours, on ne forcez pas sur les quantités distribuées afin d'éviter l'inappétence et le dégoût. Les repas ne dureront pas plus de 10 minutes, même six à huit. Mais peu à peu les quantités données chaque fois seront augmentées.

LE BLANCHIMENT

Cette dernière période a pour but de changer la couleur de la chair ainsi que sa texture et d'achever l'engraissement. Ainsi nous ferons des Leghorns très mangeables et d'excellents wyan-

dottes. Les animaux dont le pigment est autre que jaune gagneront
à être également soumis au blanchiment : ils auront la chair plus
blanche, des gouttelettes de graisse se déposeront sur les muscles,
le poulet sera plus tendre, plus juteux, plus savoureux.

Ces poulets restent soit dans leurs parquets, soit dans des
épinettes. Ne vont dans les épinettes que ceux qui remplissent les
conditions énumérées plus loin.

Supprimons lentement de la ration la farine de viande ainsi que
celle de maïs. Cette suppression sera faite en trois jours. En même
temps, nous mettons quatre fois par jour à la disposition des volailles le mélange suivant : 400 grammes de farine d'orge blutée,
250 grammes de farine de sarrasin, 20 grammes de tourteau d'œillette et un peu de sel. L'œillette impose un grand repos et fixe la
graisse dans les muscles. Cette pâtée sera mélangée avec du lait
écrémé de façon à être assez liquide pour que les poules boivent.
Elle sera donnée dans des augettes en zinc suspendues aux parois
du poulailler, duquel les poulets ne sortent plus. La boisson est
supprimée. On continue de donner 10 grammes de blé par tête.

Le lait écrémé fera de beaucoup les meilleurs poulets. Si on
ne peut s'en procurer, on joindra 50 grammes de bonne farine de
viande au mélange indiqué et on mouillera avec de l'eau. On pourra
aussi très avantageusement se servir de lait écrémé en poudre.

Cette période d'engraissement durera 15 jours, au maximum.
On reconnaît qu'elle doit prendre fin lorsque l'appétit des poulets
diminue. Le poids cesse alors d'augmenter puis décroit.

LE BLANCHIMENT EN EPINETTES

La captivité est moins étroite dans le poulailler qu'en épinettes. L'épinette a de très grands avantages ; on peut la loger
dans les dépendances en maçonnerie, les poulets n'occupent pas de
place, le rendement est meilleur.

Toutes les races se trouvent bien du régime que nous venons
de décrire. Au contraire, il ne faut mettre en épinette que des
sujets ayant fait leur mue d'élevage, ayant atteint leur développement complet et nourris depuis l'âge de 12 semaines dans ce but.

Cependant on pourra utiliser les épinettes, pour les coquelets
leghorns, dès l'âge de 12 semaines par nombre d'une trentaine à
la fois, pendant environ trois semaines. On améliore ainsi le poulet
leghorn, et c'est lorsqu'il est préparé de cette manière qu'il laisse

le maximum de bénéfice. Le poulet Bresse, les autres races françaises gagneraient à être traitées comme nous avons dit plus haut : deux périodes distinctes.

Dans la mise en épinette, nous abordons la préparation du poulet de table dans un établissement spécialement créé à cette intention. Mais l'aviculteur voudra conserver des poulets pour sa consommation personnelle, aussi avons-nous cru devoir donner dans cette leçon les indications suivantes :

Avant la mise en épinette, qui a lieu généralement vers 4 mois et demi, on nourrira les poulets comme nous l'avons indiqué pour la première période d'engraissement, en ajoutant au moment de la mue, généralement terminée vers 4 mois et demi, une cuiller à café de soufre pour trente sujets.

Quand la mue sera terminée, on pourra mettre les poulets en épinette. Auparavant on devra les débarrasser de toute leur vermine s'ils en ont. Comme les tempéraments qui s'accordent le mieux sont les froids, les lymphatiques, on rejettera dès l'âge de 3 mois et demi les nerveux et les sanguins. On n'aura pas ainsi à nourrir plus longtemps des sujets impropres à l'épinette.

Le choix de la race n'est pas indifférent : la race de Bresse, les races demi-lourdes et races lourdes (faverolles, plymouths, malines, sussex) sont les meilleures.

Nous avons donc dans nos épinettes :

des sujets de races spéciales,

      ayant terminé leur croissance active,
      non malades ni en mue,
      de tempérament calme et lymphatique,
      nourris spécialement depuis l'âge de 12 semaines,
      séparés des poulettes depuis l'âge de 12 semaines,
      exempts de vermine.

Si nous faisons de l'engraissement ménager, les sujets seront isolés dans de petites cases, afin de n'en avoir qu'un à tuer à la fois.

Si nous travaillons pour la vente, nous pourrons mettre de trois à 12 sujets dans des cases appropriées à ces nombres. Moins les sujets sont nombreux et moins ils ont d'exercice et plus vite ils engraissent. On peut, lorsque l'on a deux ou trois sujets, les attacher par les pattes, mais nous déconseillons toute entrave, qui fait souffrir, contrarie, provoque une diminution d'appétit, une moins bonne assimilation et une déperdition de force.

Les épinettes seront mises dans un local à température douce en été, et en hiver (de 15 à 18 degrés si possible) ; obscur (les animaux devront voir juste assez clair pour manger), aéré cependant (la meilleure aération dans ce cas est celle produite par des ouvertures réglables pratiquées dans le plafond avec appel d'air lent en façade).

La première chose que nous devons faire est de laisser jeuner nos sujets pendant 4 heures afin que le gésier soit vidé. Puis nous commençons à nourrir très légèrement en accroissant les quantités données à chaque repas. Ces précautions du début sont extrêmement importantes. Si nous ne nous y conformons pas, nos poulets montreront de la répugnance pour leur nourriture et nous ne pourrons les habituer à cette augmentation journalière et régulière qui portera au double les quantités de nourritures consommées.

On donnera 4 repas en été, trois en hiver, à intervalles égaux ; donner le premier le plus tôt et le dernier le plus tard possible.

La nourriture consistera uniquement en une bouillie que les oiseaux boiront. Pas de grain ni de boisson.

Cette bouillie sera avantageusement composée de farine d'orge et de farine de sarrasin blutée ainsi que de tourteau d'œillette (5 grammes par tête et par jour) et d'une cuiller à thé de sel pour 10 sujets.

Certains sujets seront bons au bout d'une dizaine de jours. D'autres supporteront l'engraissement jusqu'à trois semaines. On s'aperçoit qu'un sujet est à point quand son appétit diminue. La période la plus avantageuse est les dix premiers jours, mais si nous pouvons pousser l'engraissement une vingtaine de jours, nous aurons des sujets ayant une chair encore meilleure parce que de texture différente.

Les autres formes d'engraissement touchent davantage à la spécialisation pour la production de la chair.

La mise en épinette, suffisante pour donner à l'aviculteur d'excellents poulets de consommation, est heureusement complétée par le chaponnage.

LE CHAPONNAGE

Le chaponnage est l'enlèvement des testicules du coq. Il a pour but de faire des animaux de grand volume et à chair tendre. Pratiqué sur de jeunes sujets, il arrête la croissance : nous devons le rejeter. Au contraire, pratiqué sur des sujets de 4 à 5 mois séparés de poulettes depuis l'âge de 12 semaines, il leur donne une longue croissance, un volume énorme. La qualité de la chair est améliorée. si bien qu'un chapon Leghorn est excellent. La chair reste aussi tendre et juteuse.

Si l'on enlève crête et barbillons au chapon, l'oiseau prend un aspect cruel, joint, à la longueur de ses plumes, au port de sa queue qui est tenue plus basse, à l'éclat du plumage, est de toute beauté. Rien n'est plus plaisant qu'un chapon Leghorn adulte sur une pelouse verte.

Le sujet à chaponner doit jeûner pendant 48 heures : on ne lui donne que de l'eau.

Le chaponnage se pratique par la voie intercostale à l'aide de la trousse à chaponner. Pour chaponner, votre aide saisit le poulet et le place sur une table légèrement en pente, en face de vous de manière que vous ayez l'arrivée de la lumière derrière vous et que vous soyez placé au côté le plus bas de la table. On peut employer une table tournante sur suspension à la cardan de manière à pouvoir toujours présenter à la lumière l'ouverture que vous allez pratiquer sur le flanc du poulet.

Votre aide tient d'une main les deux cuisses presque allongées et de l'autre les deux ailes, le poulet étant sur le flanc, le ventre tourné vers vous. On peut remplacer l'aide par un dispositif empêchant le poulet de bouger : pattes et ailes sont maintenues à la table à l'aide de courroies.

Cherchez la dernière côte, près de la cuisse. Si elle est cachée sous la cuisse supérieure, faites allonger la cuisse supérieure et fléchir la cuisse inférieure. A l'endroit trouvé, enlevez des plumes sur une surface grande comme une pièce de 5 francs. Avec le doigt de la main gauche recherchez l'avant dernière côte ; et entre celle-ci et la dernière, faites une incision en plein flanc, avec le bistouri. Ne vous approchez pas trop de la colonne vertébrale. Cette incision doit avoir au moins trois centimètres de long. Pour la faire, vous avez coupé peau et muscles en tenant le bistouri enfoncé de un centimètre. Vous n'avez pas franchi le point de soudure des deux côtes. Ecartez les deux lèvres de la plaie avec l'écarteur. Si vous jugez que votre ouverture n'est pas assez grande, allongez la plaie vers la colonne vertébrale de quelques millimètres. A l'autre extrémité de la plaie, vous pouvez trancher le point de soudure des deux dernières côtes.

Le danger d'hémorragie n'existe que si vous approchez trop près de la colonne vertébrale.

Vous avez devant vous le péritoine, mince et translucide, qui entoure la masse des intestins. Avec le crochet, déchirez-le en ayant soin de ne pas perforer l'intestin. Vous devez découvrir toute la masse des intestins. Avec une lame carrée et son extrémité, appuyez sur cette masse, vous découvrez le rein près de la colonne vertébrale et au-dessous, un peu en arrière, un testicule. Il est de couleur jaune clair et paraît sillonné de petits vaisseaux. Soulevez-le légèrement avec la lame pour le dégager un peu.

Si le testicule est petit, prenez-le avec la pince à cuiller, serrez, tordez de 5 à 8 tours pour nouer le cordon, tirez pour ramener à l'ouverture. Si le cordon n'est pas cassé, coupez-le à un centimètre du rein. Si vous le coupez trop loin de son point d'attache, des chapons pourront « reverdir », c'est-à-dire refaire de nouvelles glandes. Il importe que toute la glande soit bien enlevée, pour la même raison.

Si le testicule est gros et que la pince à cuiller ne le contient pas en entier, entrez la cuiller fendue dans l'ouverture d'avant en arrière, passez le cordon dans la fente de la cuiller, tirez légèrement pour tendre, tordez et opérez comme plus haut. Vous pouvez également vous servir d'autres genres de pinces ou de la canule à fil d'acier.

Pour l'extraction du deuxième testicule, opérez de l'autre côté du poulet. Frottez ensuite les deux lèvres de la plaie à la teinture d'iode pure, ne recousez pas les plaies ; elles se refermeront très vite et le lendemain, une croûte se sera déjà formée. Si cependant vous avez dû faire sauter le point d'attache des deux côtes, faites un point de suture au milieu de la plaie. Enfermez vos chapons pendant deux ou trois jours, donnez-leur le premier jour de l'eau pure, puis nourrissez-les comme avant l'opération. Si vous remarquez quelques traces de gonflement dans la région opérée, ne vous en inquiétez pas, mais crevez la peau par une incision en croix. Ne pas crever la peau entre les pattes.

On ne doit chaponner que d'avril à août.

Au point de vue industriel, le chaponnage n'est pas intéressant à moins que l'on ait la vente à des prix élevés, en janvier-février.

Mais vous ne sauriez mieux alimenter votre table en pièces de choix que vous consommerez de novembre à avril, c'est-à-dire au moment où vous n'avez plus de poulet tendre.

Questionnaire

1° Avantages des vastes poussinières permettant de laisser les poulettes jusqu'à l'approche de la ponte.

2° Comment nourrir les sujets en croissance. Quels sont les changements à effectuer dans la ration lorsque l'on tient des volailles lourdes ?

3° A quelles conditions doit répondre une bonne trémie ?

4° Conditions auxquelles la boisson doit répondre.

5° Quelle verdure distribuer et comment la donner ?

6° La désinfection des parquets, des poulaillers, des accessoires.

7° Importance de l'ombre. Danger des sols trop couverts.

8° Changement de régime avant la ponte. Ses causes et ses effets.

9° Sur quels points devez-vous apporter votre attention pour faire le tri des poulettes et des coquelets ?

10° Quelles sont les conséquences immédiates et lointaines de ces sélections ?